Hallo und guten Tag!

Möchtest du wissen, wie fit du in Mathe bist und ob deine Kenntnisse für die weiterführende Schule ausreichen? Dann kannst du dies mit diesem Heft testen. Du findest viele Aufgaben aus wichtigen Bereichen der Mathematik. Die Lösungen kannst du direkt ins Heft schreiben. Wenn du eine Aufgabe noch nicht lösen kannst, versuche es später noch einmal.

Wenn du eine Doppelseite fertig hast, kannst du mit dem Lösungsteil überprüfen, ob du richtig gerechnet hast.

Die witzigen Kobolde Wupps und Wanda, die Paul Maar für dieses Heft gezeichnet hat, findest du viermal im Heft in PAULS ECKE. Auf Seite 32 und auf der Umschlagklappe gibt es noch mehr Lustiges für dich von Paul Maar. Schau doch mal nach ...

Viel Spaß mit diesem Heft
und viel Erfolg beim Rechnen!

Harmlose Riesen

1 Der Riese hat große Wäsche. Lies die Zahlwörter laut vor.
Trage die dazugehörigen Zahlen in die Stellentafel ein.

zweihundertfünfzigtausendvierhundert
sechzigtausendeinhundertelf
neunundneunzigtausendneunhundertneun
neunhunderttausendeinhunderteins

HT	ZT	T	H	Z	E

2 Wie heißt der fleißige Riese?
Du findest den Namen, wenn du die Zahlen der Größe nach ordnest.
Beginne mit der größten Zahl.

200 251 A | 88 999 S | 99 900 K

199 962 N | 289 759 L | 298 732 B | 89 990 U

Name:							
Zahl:							

3 Kennst du die größte und die kleinste sechsstellige Zahl?

größte sechsstellige Zahl:						
kleinste sechsstellige Zahl:						

4 Auf dem Zahlenweg kannst du ablesen, wie viele Schritte der Riese von seiner Höhle entfernt ist. Schreibe die Anzahl der Schritte bis zu jedem der gekennzeichneten Punkte auf.

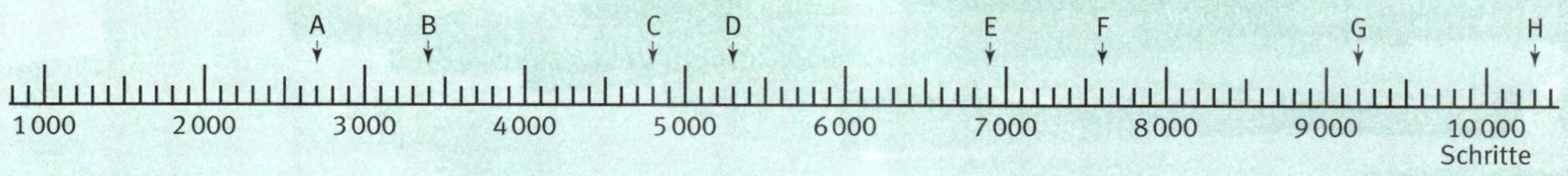

A: 2 700 ______ B: ______ C: ______ D: ______

E: ______ F: ______ G: ______ H: ______

5 Hier kann nur der Riese entlangspaziert sein! Siehst du, mit welchen Schritten er unterwegs ist? Schreibe den Namen der Schrittfolge auf und vervollständige die Spuren.

Wähle die richtige Schrittfolge aus:
- Zehnerschritte
- Hunderterschritte
- Tausenderschritte
- Zehntausenderschritte

Der Riese geht in ______________________

586 000 | 587 000 | ______ | ______ | ______

721 000 | ______ | ______ | ______ | ______

6 Der Riese hebt diese Felsbrocken mit Leichtigkeit. Zu heben brauchst du sie nicht, aber vergleiche das Gewicht und setze jeweils das passende Zeichen.

(>) (<) (=)

30 951 g ◯ 30 099 g

109 570 g ◯ 99 990 g

90 400 g ◯ 90,455 kg

84,325 kg ◯ 84 325 g

Die Gangsterbande

1 Der Polizist versucht, den Gangster zu erwischen.
Er rennt in Zehntausenderschritten hinter ihm her. Trage die Zahlen ein.

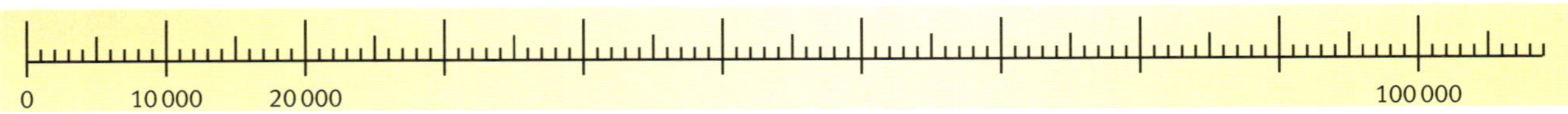

Der Gangster läuft in Hunderttausenderschritten weg. Trage die Zahlen ein.

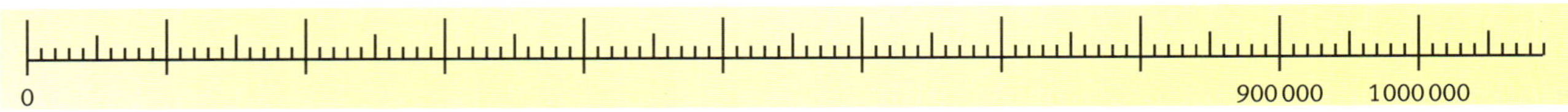

2 Zwei Räuber haben das Geld aus dem Tresor gestohlen.
Ihre Namen sind aber bald ermittelt!
Rechne und trage unten die richtigen Buchstaben ein.

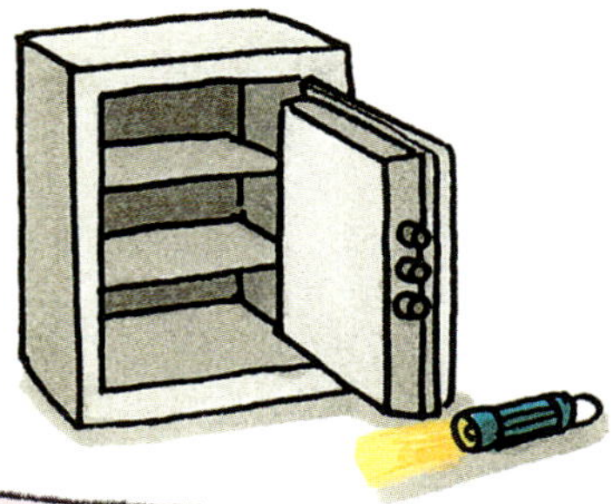

200 060 | E 400 900 | K 410 900 | T

620 000 | A 410 350 | A 900 060 | L 800 800 | L

300 150 | Z 408 000 | R 980 100 | E 300 400 | T

a) Verdoppele die Zahlen auf den gelben Karten. Ordne sie dann nach ihrer Größe. Beginne mit der größten Zahl.

b) Halbiere die Zahlen auf den roten Karten. Ordne sie dann nach ihrer Größe und beginne mit der kleinsten Zahl.

Zahl:					
Name:					

Zahl:						
Name:						

3 Wenn du die richtigen Zahlen miteinander verbindest, öffnet sich der Tresor.

4 Im Polizeicomputer wird fieberhaft gerechnet.
Der Computer sucht nach Teilern und Vielfachen.

Der Computer zeigt an, dass die Zahl 96 insgesamt 12 Teiler hat.
Welche Zahlen sind das? Trage sie ein.

Der Computer will nur Vielfache von 7 annehmen. Welche Zahlen wird er löschen?
Streiche sie durch.

5 Schreibe den Vorgänger und den Nachfolger der größten fünfstelligen Zahl auf.

_______________ Vorgänger

größte fünfstellige Zahl

_______________ Nachfolger

Prima gerundet!

1 Der Verkäufer befragt die Kunden auf dem Automarkt, wie viel sie ungefähr für den Kauf ihres Autos ausgeben möchten.

Suche für jeden das passende Auto und schreibe den genauen Kaufpreis auf.

2 Das Olympiastadion in München hat 69 267 Plätze, davon sind 56 555 Sitzplätze. Runde die Angaben zu den Plätzen auf Hunderter. Berechne dann, wie viele Stehplätze das Stadion ungefähr hat.

Plätze insgesamt: ________________ ≈ ________________

Sitzplätze: ________________ ≈ ________________

Stehplätze: ________________ ≈ ________________

Runde auch für das Parkstadion einer großen Kreisstadt auf Hunderter und berechne dann die ungefähre Anzahl der Plätze insgesamt.

Sitzplätze: 38 452 ≈ ________________

Stehplätze: 17 614 ≈ ________________

Plätze insgesamt: ≈ ________________

3 Zahlenangaben werden für Berichte in der Zeitung meist gerundet. Lies die folgenden Angaben und runde sinnvoll:

Genaue Angabe	Gerundete Angabe
107 407 Fahrgäste hatte die Parkbahn.	≈
789 Fahrräder wurden überprüft.	≈
78 092 Messebesucher kamen.	≈
50 915 Einwohner hat die Stadt.	≈
3 693 Eintrittskarten wurden verkauft.	≈

Über unsere Umwelt

1 Veranschauliche die Altersgruppen von Schönstadt in einem Säulendiagramm.
Runde dazu auf volle Tausender auf oder ab.
Zeichne für jede Altersgruppe die Säule ein.

A: unter 3 Jahre alt: 6 919 ≈ ______

B: 3 bis unter 6 Jahre alt: 7 135 ≈ ______

C: 6 bis unter 10 Jahre alt: 8 432 ≈ ______

D: 10 bis unter 16 Jahre alt: 14 270 ≈ ______

E: 16 bis unter 45 Jahre alt: 85 622 ≈ ______

F: 45 bis unter 65 Jahre alt: 56 649 ≈ ______

G: 65 Jahre und älter: 37 189 ≈ ______

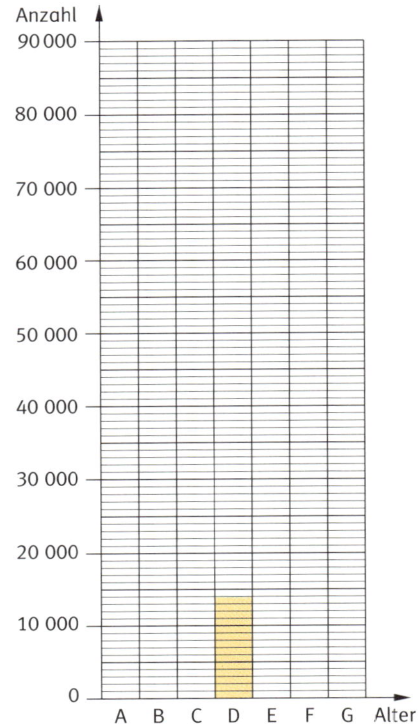

2 Das Streifendiagramm gibt die Länge der Flüsse an.
Lies so genau wie möglich ab.

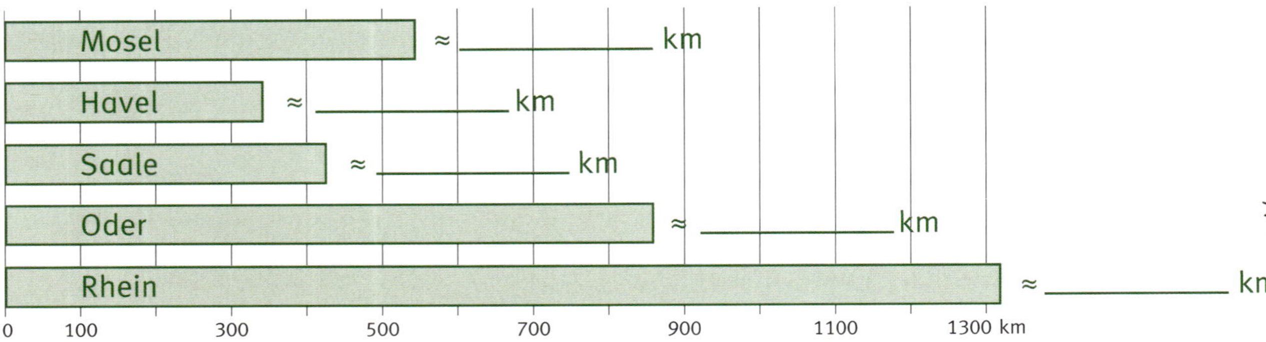

3 Hier ist das Gewicht der Tiere gerundet dargestellt.
Gib das Gewicht jeweils in Kilogramm an.

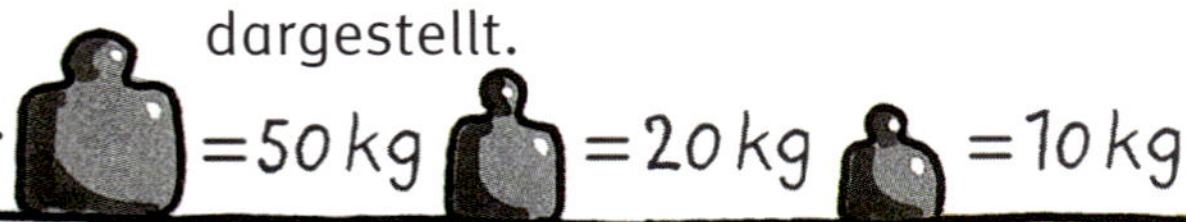

4 Das Schaubild für Schönstadt zeigt die Durchschnittstemperaturen für jeden Monat an. Lies die Temperatur so genau wie möglich ab und schreibe sie darunter.

Jan.	Febr.	März	April	Mai	Juni	Juli	Aug.	Sept.	Okt.	Nov.	Dez.
		5°									

5 Wie viele Einwohner haben die Städte, wenn eine Strichfigur für 50 000 Einwohner steht? Schreibe zu jeder Stadt die Einwohnerzahl dazu.

Stelle die Einwohnerzahlen dieser Städte als Streifen dar.

Bonn
Potsdam
Rostock
Dresden
Leipzig
Hannover

Es gilt: 1 cm entspricht 50 000 Einwohner.

Geometrie – Strecken und Flächen

1 a) In welchen Punkten findest du rechte Winkel?

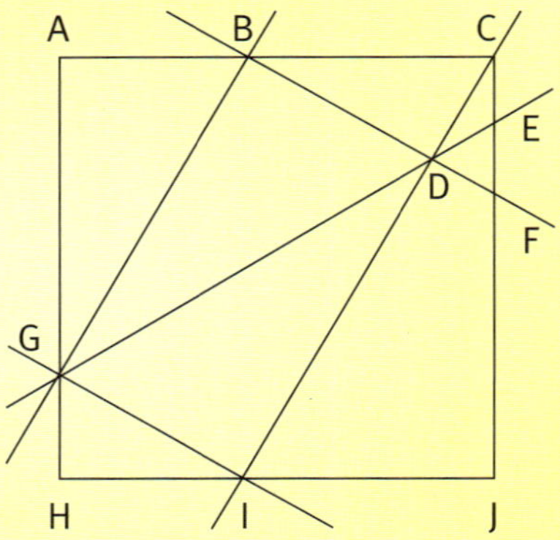

Rechte Winkel befinden sich in den Punkten ______________________

b) Welche Geraden verlaufen parallel zueinander?

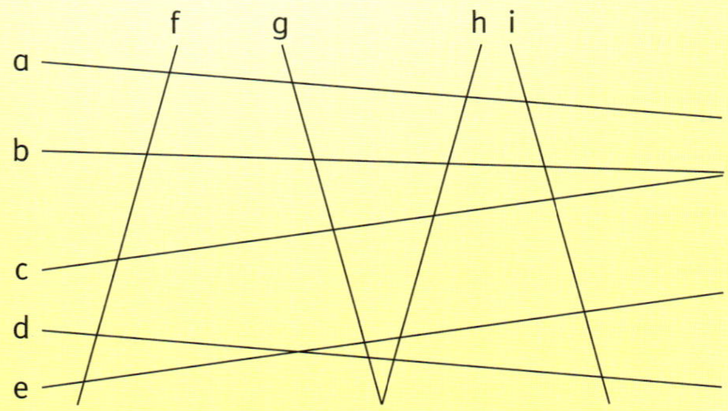

Parallel zueinander sind die Geraden
_____ und _____ , _____ und _____
_____ und _____ , _____ und _____

c) Zeichne zu den Geraden, die noch keine parallele Gerade haben, jeweils eine dazu.

2 Wie viele Kästchen gehören zu jeder Figur?

a) b) c) d)

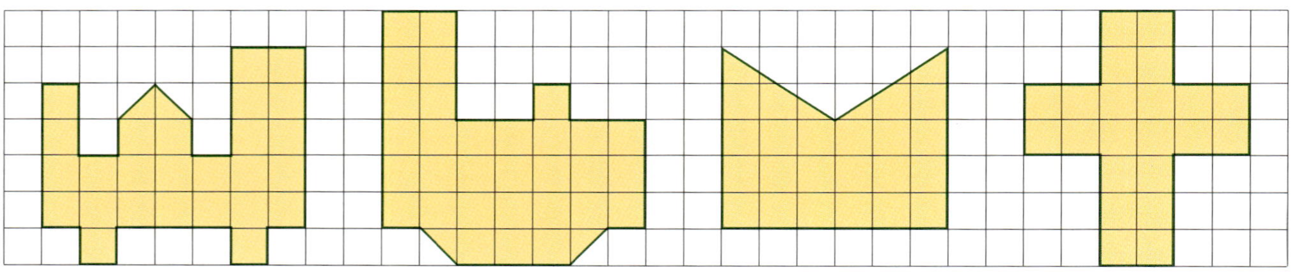

a) _____ Kästchen b) _____ Kästchen c) _____ Kästchen d) _____ Kästchen

3 Zeichne alle Symmetrieachsen der Figuren A bis E ein.

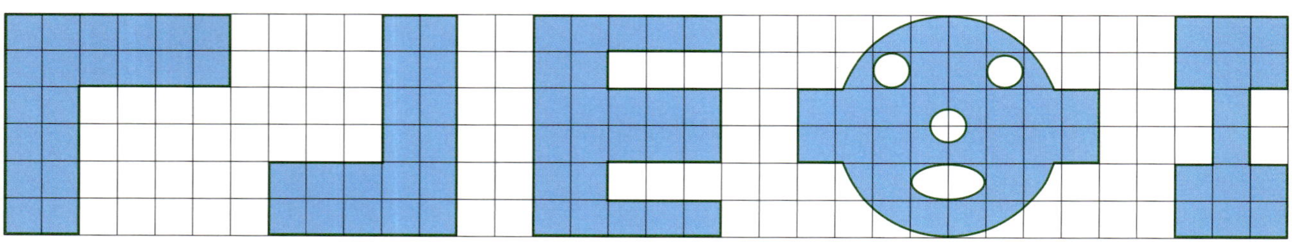

A B C D E

4 Zeichne das Spiegelbild des Lastautos.

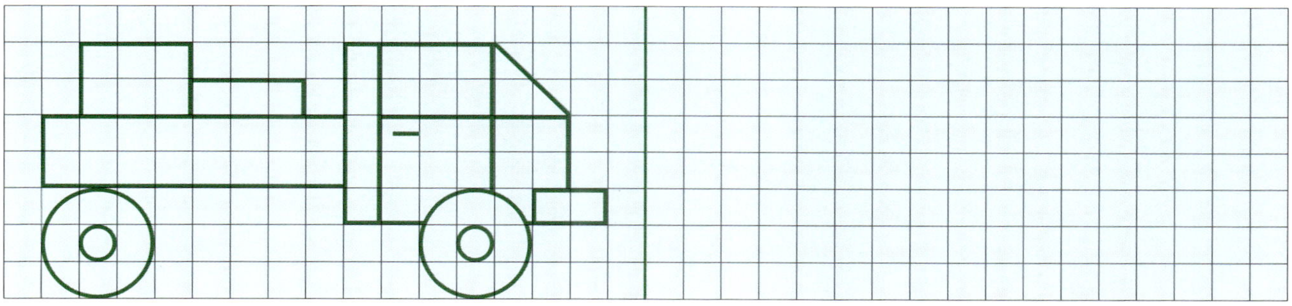

5 Welche der Farbflächen hat die gleiche Größe wie die grüne Fläche?

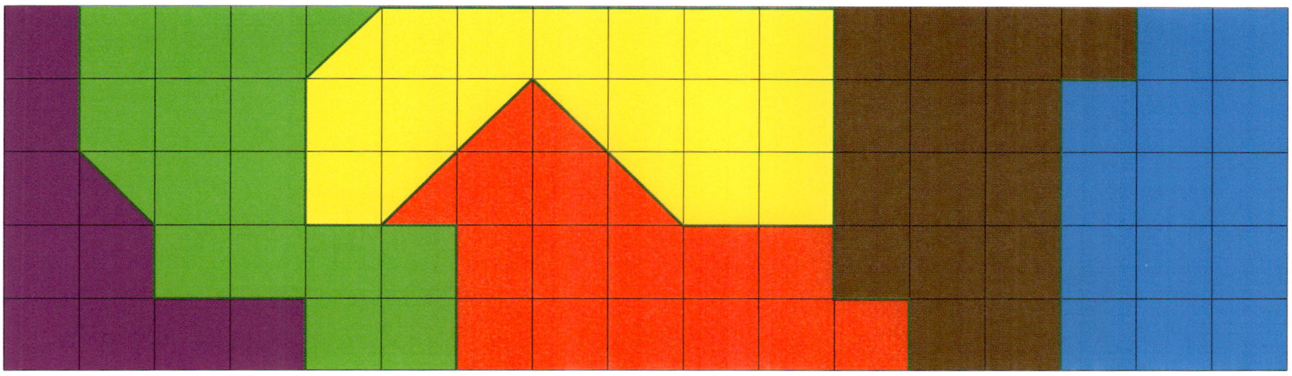

Antwort: Die gleiche Größe wie die grüne Fläche haben die Flächen mit den Farben

____ .

6 Zeichne die Rechtecke A und B so fertig, dass jedes Rechteck 24 Kästchen hat.
Wie groß ist jeweils der Umfang?
Zeichne ein Rechteck C, das auch aus 24 Kästchen besteht.
Der Umfang des Rechtecks soll 14 cm betragen.
Vervollständige nun die Tabelle.

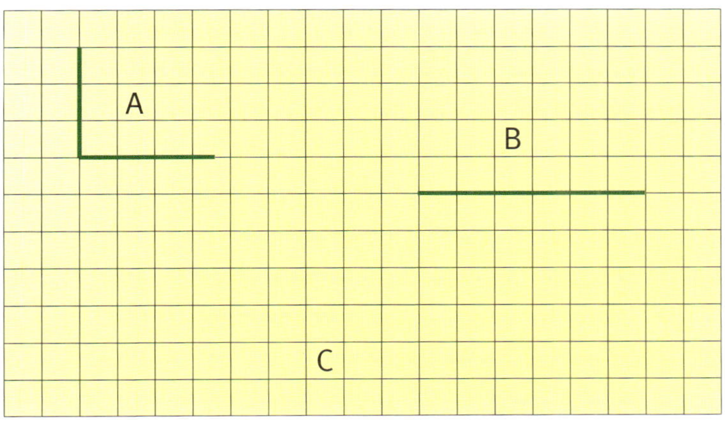

	Länge	Breite	Umfang
A	4,0 cm	1,5 cm	
B	3,0 cm		
C			14 cm

Tierisch einfach?

1 Zu welchen Hunden gehören die Aufgabenkärtchen?
Verbinde die Leinen mit den richtigen Kärtchen.

115 555 − 4 555 | 36 000 + 4 001 | 170 000 + 10 600 | 14 999 + 15 001 | 10 000 − 9 944

2 Trage die richtigen Zahlen ein.

3 Trage die noch fehlenden Zahlen so ein, dass die Zahlen der 9 Kartons ein magisches Quadrat bilden.
Ein magisches Quadrat hat die Eigenschaft, dass alle Summen gleich sind.

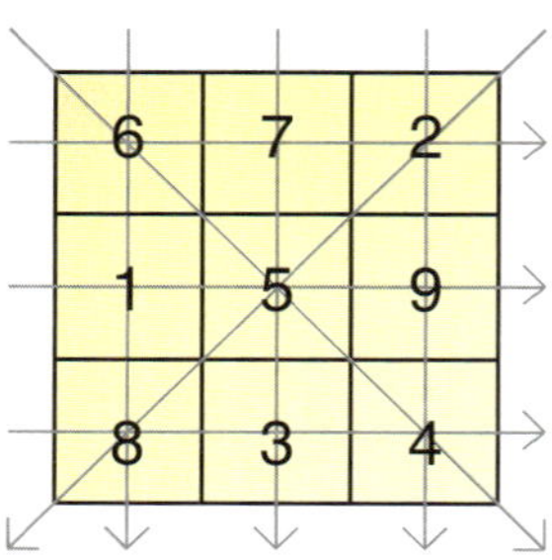

4 Vervollständige die Tabellen.

–	600	30 000	7 000
70 000			
35 000			
62 000			

+	700	9 010	60 000
79 000			
66 000			
100 000			

5 Fülle das Kreuzzahlrätsel des Sauriers aus.
Löse dazu die Aufgaben und trage die Lösungszahlen waagerecht oder senkrecht ein.

senkrecht

1 20 036 – 20 012
2 62 000 + 23 100
3 1 000 – 193
6 700 – 51
7 280 + 90
8 1 000 000 – 999 981

waagerecht

1 26 300 + 2 500
4 9 000 – 8 550
5 900 + 800 + 63
8 1 000 000 – 999 990
9 100 000 – 9 910

Wir gehen in die Luft!

1 Löse die Aufgaben. Suche zu deinen Lösungen die zugehörigen Buchstaben und trage sie in das Lösungsband ein. Das Segelflugzeug hilft dir dabei.

a) 473 + 316
b) 698 − 475
c) 432 + 318
d) 999 − 793
e) 3 807 + 4 375
f) 8 756 + 374
g) 7 816 − 354
h) 5 222 − 4 444

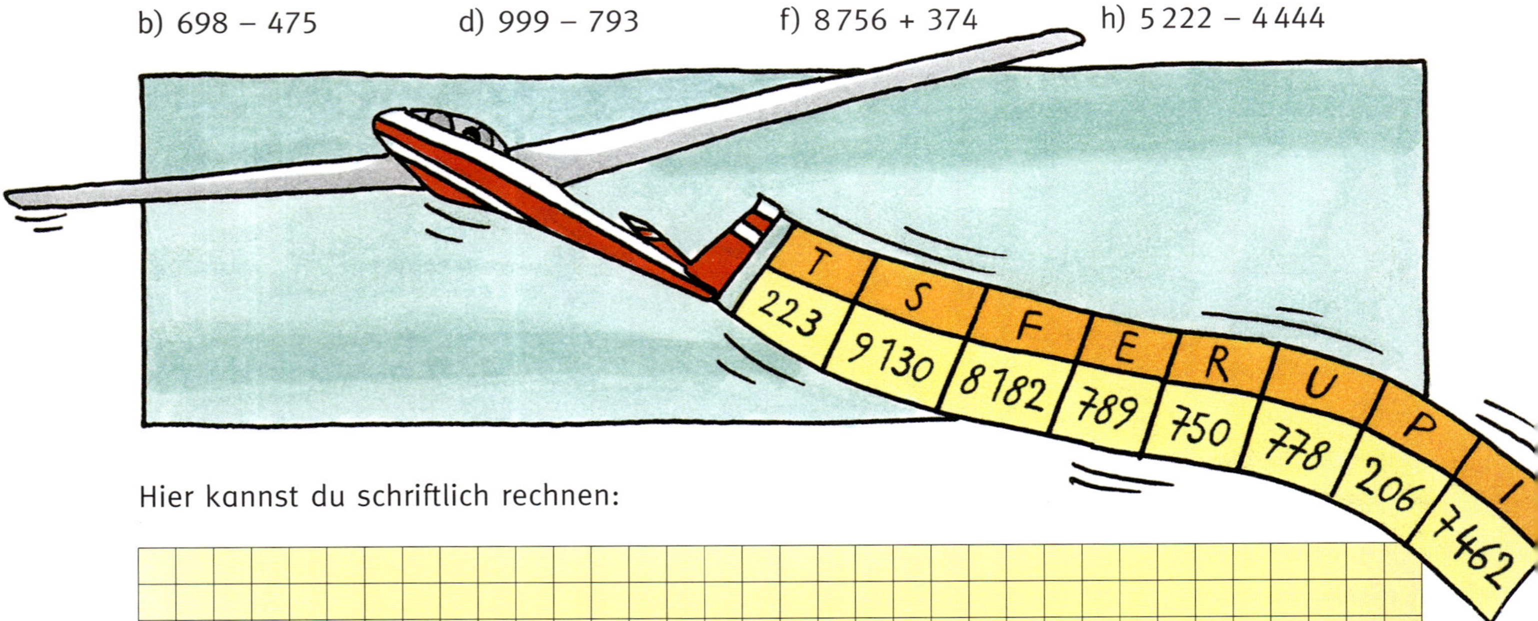

Hier kannst du schriftlich rechnen:

Lösungsband:

f)	h)	d)	a)	c)		e)	g)	b)

2 Robert und Fritz Schlau bringen dir raketenschnell noch einige Aufgaben vorbei. Trage sie wie die Beispielaufgabe in die Kästchen ein und löse sie.

	5	4	1	7
+		3	9	6

3 Nur die Heißluftballons erreichen das Ziel, deren Ergebnis größer als 46 300 und kleiner als 46 400 ist. Welche Ballons sind das?

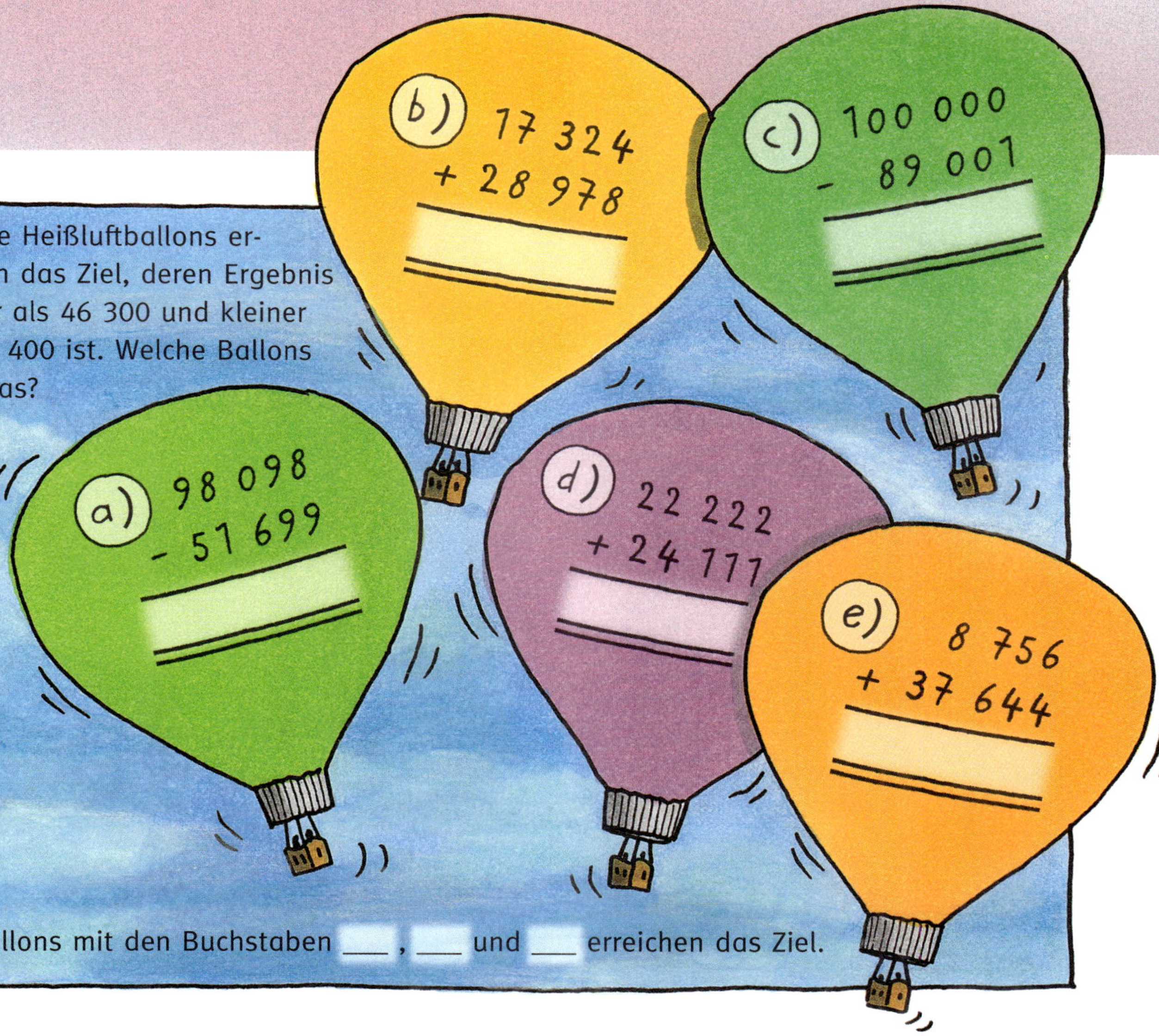

Die Ballons mit den Buchstaben ___ , ___ und ___ erreichen das Ziel.

4 Löse die Aufgaben.

Die SUPER-Zahlen

Das sind echte Superzahlen.
Denn mit diesen Zahlen ist das Malnehmen und Teilen ganz einfach.

1 Auf der Zahlentafel sind 7 Zahlen.
Welche Produkte erhältst du, wenn du diese Zahlen mit 100 multiplizierst?
Wie heißen die Quotienten, wenn du diese Zahlen durch 10 dividierst?
Schreibe die Ergebnisse auf.

2 Max: Ich erhalte die größte zweistellige Zahl, wenn ich die Zahlen 36 190 und 62 810 addiere und das Ergebnis durch 1 000 teile.

Diane: Wenn ich 999 mit 1 000 multipliziere und zum Ergebnis noch die größte dreistellige Zahl addiere, dann erhalte ich die größte sechsstellige Zahl.

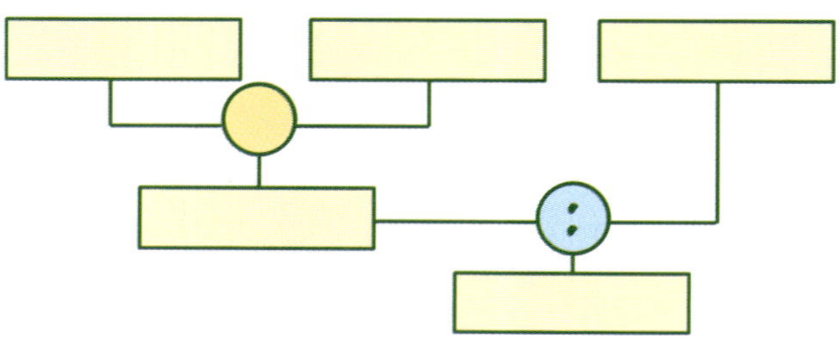

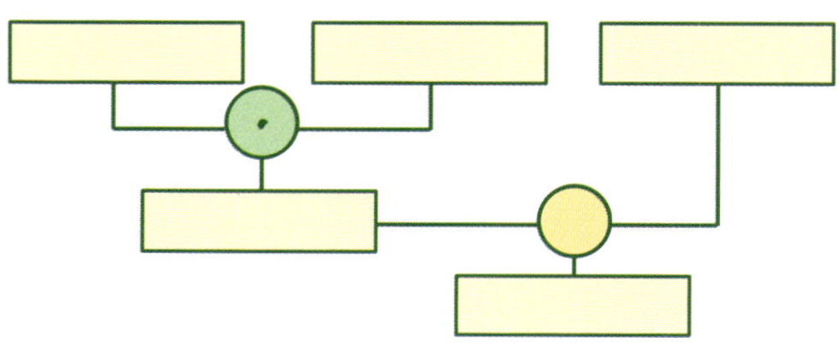

Harmlose Riesen — Seite 2

1

HT	ZT	T	H	Z	E
2	5	0	4	0	0
	6	0	1	1	1
	9	9	9	0	9
9	0	0	1	0	1

2

B	L	A	N	K	U	S
298 732	289 759	200 251	199 962	99 900	89 990	88 999

3 größte sechsstellige Zahl: 9 9 9 9 9 9
kleinste sechsstellige Zahl: 1 0 0 0 0 0

Seite 3

4 A: 2 700 B: 3 400 C: 4 800 D: 5 300
E: 6 900 F: 7 600 G: 9 200 H 10 300

5 Der Riese geht in „Tausenderschritten".
586 000 587 000 588 000 589 000 590 000
721 000 722 000 723 000 724 000 725 000

6 30 951 g > 30 099 g 109 570 g > 99 990 g
90 400 g < 90,455 kg 84,325 kg = 84 325 g

Die Gangsterbande — Seite 4

1

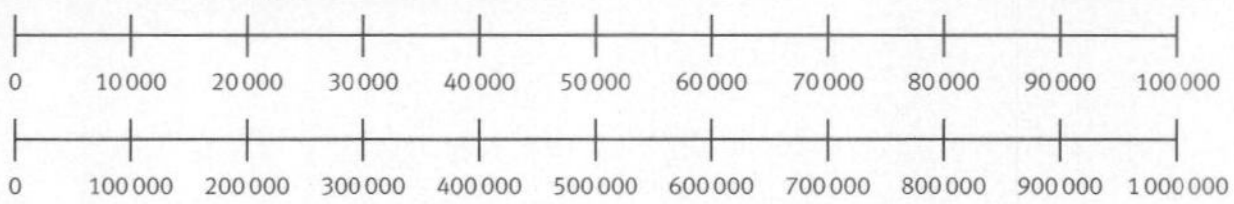

2

Zahl:	821 800	820 700	600 800	600 300	400 120
Name:	T	A	T	Z	E

Zahl:	200 450	204 000	310 000	400 400	450 030	490 050
Name:	K	R	A	L	L	E

Seite 5

3

90 409	32 804	782 001
32 803	451 020	90 411
451 019	90 410	32 805
342 029	342 030	451 021
781 999	782 000	342 031

4 Teiler von 96 sind: 1, 2, 3, 4, 6, 8, 12, 16, 24, 32, 48, 96
Gelöscht werden die Zahlen: 41, 55, 87, 46, 57, 137

5

99 998	99 999	100 000
Vorgänger	größte fünfstellige Zahl	Nachfolger

Prima gerundet! — Seite 6

1 rund 4000 € → 3550 € etwa 15 000 € → 14 850 €
rund 20 000 € → 20 150 € zirka 10 000 € → 10 400 €
etwa 19 000 € → 18 950 €

Seite 7

2 Olympiastadion

Plätze insgesamt:	69 267	≈ 69 300
Sitzplätze:	56 555	≈ 56 600
Stehplätze:	12 712	≈ 12 700

Parkstadion

Sitzplätze:	38 452	≈ 38 500
Stehplätze:	17 614	≈ 17 600
Plätze insgesamt:	56 066	≈ 56 100

3

Genaue Angabe	Gerundete Angabe
107 407 Fahrgäste	≈ 107 400
789 Fahrräder	≈ 800
78 092 Messebesucher	≈ 78 000
50 915 Einwohner	≈ 51 000
3 693 Eintrittskarten	≈ 3 700

Über unsere Umwelt — Seite 8

1 A: ≈ 7 000
B: ≈ 7 000
C: ≈ 8 000
D: ≈ 14 000
E: ≈ 86 000
F: ≈ 57 000
G: ≈ 37 000

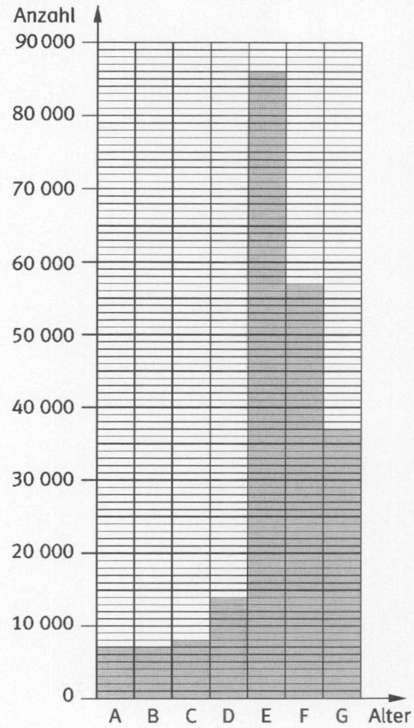

2 Mosel ≈ 540 km Havel ≈ 340 km Saale ≈ 420 km
Oder ≈ 860 km Rhein ≈ 1 320 km

3 Riesenschildkröte ≈ 260 kg Jaguar ≈ 140 kg
Zebra ≈ 290 kg Wolf ≈ 70 kg

Seite 9

4

J	F	M	A	M	J	J	A	S	O	N	D
1°	3°	5°	8°	14°	17°	19°	16°	12°	9°	4°	2°

Abweichungen von 1° sind in Ordnung.

5

Bonn:	300 000 Einwohner
Potsdam:	150 000 Einwohner
Rostock:	200 000 Einwohner
Dresden:	450 000 Einwohner
Leipzig:	550 000 Einwohner
Hannover:	500 000 Einwohner

Bonn 6 cm
Potsdam 3 cm
Rostock 4 cm
Dresden 9 cm
Leipzig 11 cm
Hannover 10 cm

Geometrie – Strecken und Flächen Seite 10

1 a) Rechte Winkel befinden sich in den Punkten A, B, C, D, G, H, I und J.
b) Parallel zueinander sind die Geraden a und d, c und e, f und h, g und i.
c) Nur die Gerade b hat noch keine Parallele. Hier musst du eine dazu zeichnen.

2 a) 27 Kästchen b) 32 Kästchen
c) 24 Kästchen d) 22 Kästchen

3 Diese Symmetrieachsen gibt es:

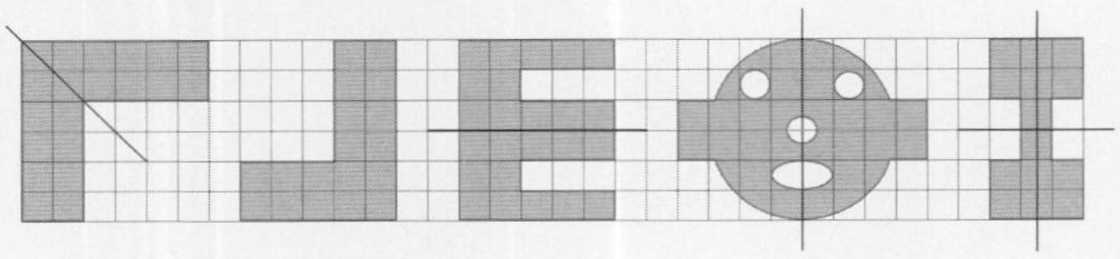

Seite 11

4 Das Spiegelbild des Lastautos sieht so aus:

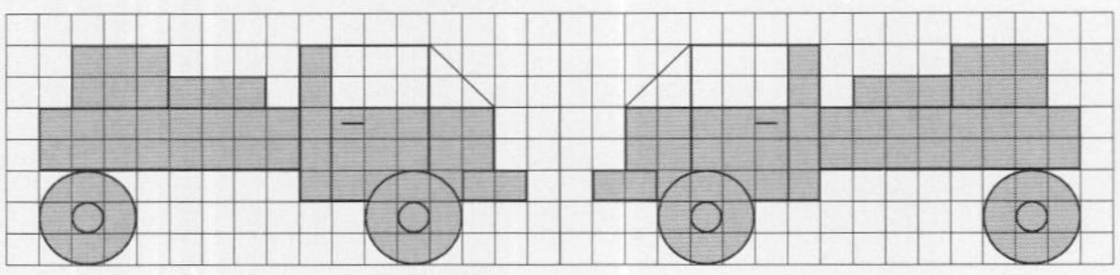

5 Die gleiche Größe haben die Flächen mit den Farben Rot und Braun.

6

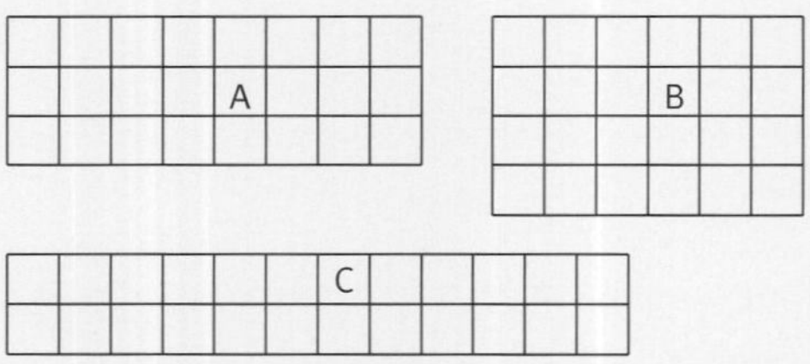

Die Rechtecke sind hier verkleinert dargestellt.

	Länge	Breite	Umfang
A	4,0 cm	1,5 cm	11,0 cm
B	3,0 cm	2,0 cm	10,0 cm
C	6,0 cm	1,0 cm	14,0 cm

Tierisch einfach? Seite 12

1 115 555 – 4 555 = 111 000
36 000 + 4 001 = 40 001
170 000 + 10 600 = 180 600
14 999 + 15 001 = 30 000
10 000 – 9 944 = 56

2

3

300	350	340
370	330	290
320	310	360

Seite 13

4

–	600	30 000	7 000
70 000	69 400	40 000	63 000
35 000	34 400	5 000	28 000
62 000	61 400	32 000	55 000

+	700	9 010	60 000
79 000	79 700	88 010	139 000
66 000	66 700	75 010	126 000
100 000	100 700	109 010	160 000

5

2	8	8	0	0
4	5	0		
	1	7	6	3
1	0		4	7
9	0	0	9	0

Wir gehen in die Luft! Seite 14

1 Lösungsband: S U P E R F I T

2 5 417 + 396 = 5 813 17 618 – 949 = 16 669
8 909 + 7 316 = 16 225 829 – 453 = 376

Seite 15

3 a) 46 399 b) 46 302 c) 10 999 d) 46 333 e) 46 400
Nur die Ballons a, b und d erreichen das Ziel.

4 a) 8 701 b) 70 000 c) 3 504 d) 99 512

Die Super-Zahlen Seite 16

1

· 100		: 10
990 000	9 900	990
2 000	20	2
39 000	390	39
0	0	0
543 000	5 430	543
880 000	8 800	880
10 000	100	10

2

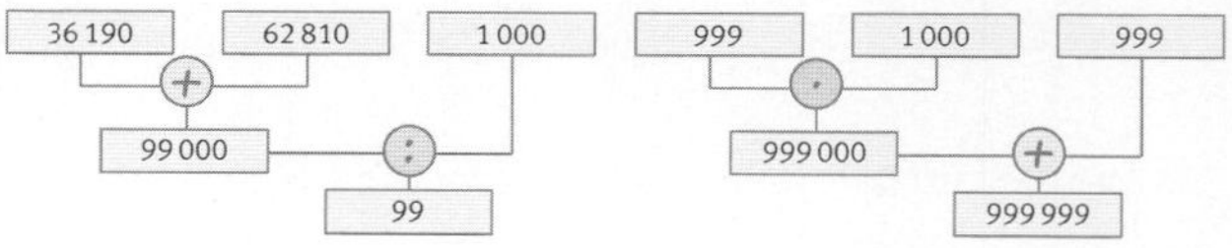

Seite 17

3 Es sind die Ufos mit den Zahlen 256 380, 70 070, 790 und 70 700.

4
26 700 : 100 = 267
123 · 10 = 1 230
100 · 100 = 10 000
100 : 100 = 1
0 : 100 = 0
3 000 : 1 000 = 3
1 000 · 713 = 713 000
6 270 : 10 = 627
100 · 111 = 11 100
Lösungswort: S U P E R Z A H L

Mit Schlaufuchs rechnen — Seite 18

1 a) 5 · 326 = 1 630 b) 1 810 : 5 = 362
c) 436 · 6 = 2 616 d) 726 : 6 = 121
e) 7 · 2 341 = 16 387

2

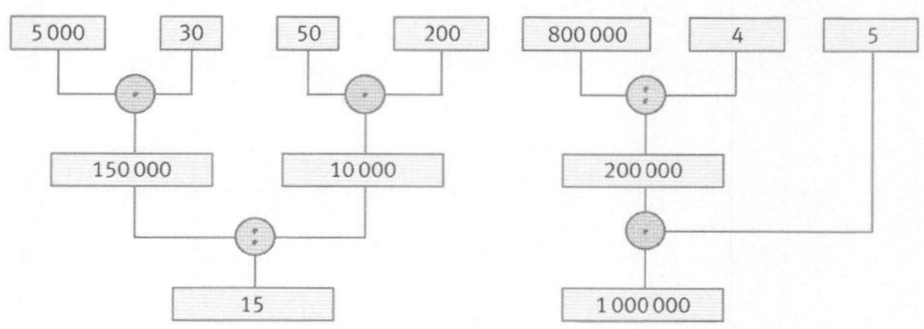

Seite 19

3

·	3	7	20
251	753	1 757	5 020
410	1 230	2 870	8 200
2 300	6 900	16 100	46 000

:	50	8	100
800	16	100	8
2 000	40	250	20
40 000	800	5 000	400

4
500 000 : 10 = 50 000 100 000 · 4 = 400 000
100 000 : 2 = 50 000 1 000 · 400 = 400 000
1 000 000 : 20 = 50 000 10 000 · 40 = 400 000
200 000 : 4 = 50 000 100 · 4 000 = 400 000
350 000 : 7 = 50 000 800 · 500 = 400 000

5
6 660 : 9 = 740 6 318 : 6 = 1 053
4 · 25 200 = 100 800 2 · 999 = 1998
930 · 8 = 7 440

Die Zahlen 7 400 und 108 000 gehören also nicht zu den Lösungszahlen. Sie musst du durchstreichen.

Im Zirkus Rechnelli — Seite 20

1 4 182 : 3 = 1 394

2 7 313 · 53 = 387 589 268 · 4 = 1 072
619 · 808 = 500 152

3 1 458 : 6 = 243 306 · 402 = 123 012
25 221 : 7 = 3 603 65 421 : 9 = 7 269
64 731 · 3 = 194 193 923 · 674 = 622 102
306 · 400 = 122 400

Seite 21

4 a) 725 · 439 = 318 275 b) 10 101 · 12 = 121 212
c) 574 328 : 4 = 143 582

Geometrie – Körper — Seite 22

1

Zylinder	Würfel	Quader	Pyramide	Kugel	Kegel
A, D, K, L	I	C, F, I, M	B, E	H, J	G

2

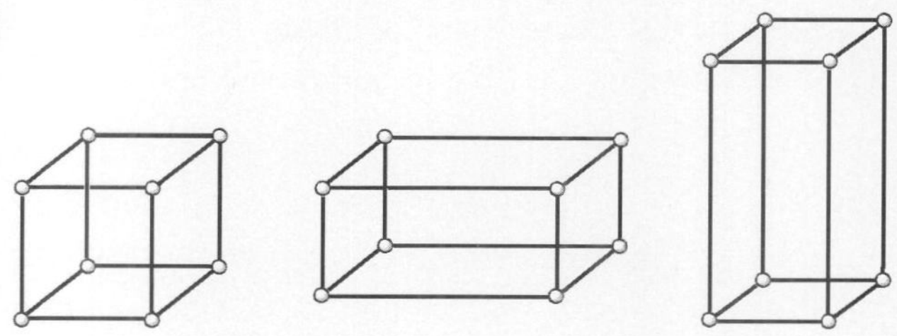

Stäbchen 4 4 5
Kügelchen 0 1 2

3

	Kugel	Quader	Würfel	Zylinder
Ecken	–	8	8	–
Flächen	1	6	6	3
Kanten	–	12	12	2

Seite 23

4

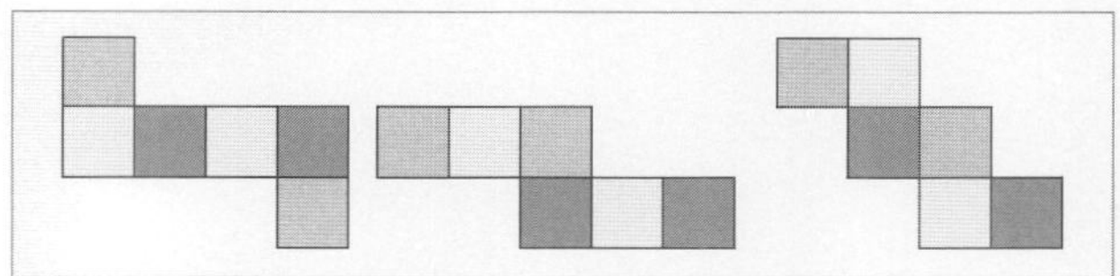

5 So könnten die Quadernetze aussehen:

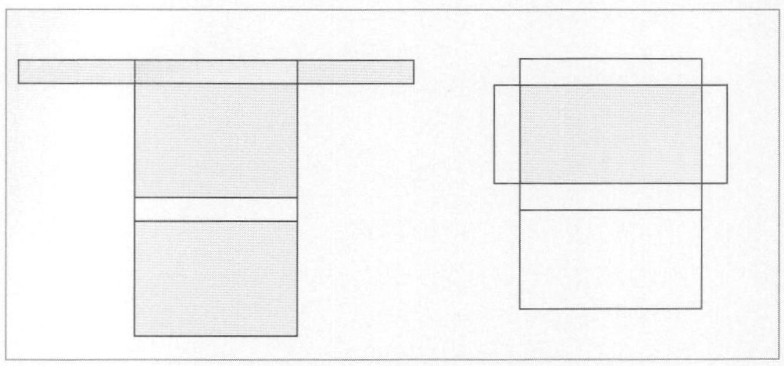

6 Die Bilder (Netze) in der Mitte und rechts gehören zu einem Zylinder.

So viel Taschengeld — Seite 24

1

12,04 €	209 € 5 Cent	7 060 Cent
= 12 € 4 Cent	= 209,05 €	= 70 € 60 Cent
= 1 204 Cent	= 20 905 Cent	= 70,60 €

2 So sieht der Stand aus am:

1.11. 7 € 84 Cent = 7,84 €
3.11. 17 € 84 Cent = 17,84 €
9.11. 14 € 9 Cent = 14,09 €
12.11. 16 € 86 Cent = 16,86 €
19.11. 10 € 61 Cent = 10,61 €
27.11. 11 € 56 Cent = 11,56 €

Am Monatsende hat Lisa noch 11 € und 56 Cent = 11,56 €.

Seite 25

3 a) 997 € b) 537,50 € c) 459,50 €

Rasante Fahrradflitzer — Seite 26

1 Am Treffpunkt sind beide gleich weit von Bollersen entfernt.

2

	Entfernung Wohnung-Schule	Kilometer pro Woche	Kilometer pro Monat
Dirk	10 200 m = 10,200 km	102 km	408 km
Anne	7 800 m = 7,800 km	78 km	312 km
Axel	8 600 m = 8,600 km	86 km	344 km

Beachte, dass die Kinder von der Schule zu ihrer Wohnung zurückfahren müssen.

3 1. Rennen: 1 250 m = 1,25 km
2. Rennen: 3 750 m = 3,75 km

Seite 27

4 2,4 km = 2 km 400 m = 2 400 m
2,5 m = 2 m 50 cm = 250 cm
3,9 m = 3 m 90 cm = 390 cm
1,2 km = 1 km 200 m = 1 200 m

5 Verkehrszeichen b und a

6 a) 7,500 km > 750 m
0,862 km < 8 600 m
1,070 km = 1 070 m

b) 4 750 m ≈ 5 km
907 m ≈ 1 km
4,216 km ≈ 4 km

c) 645 m + 355 m = 1 km
3 900 m + 100 m = 4 km
7 555 m + 445 m = 8 km
6 020 m + 980 m = 7 km

Große und kleine Tiere — Seite 28

1 Katze: 4 kg
Maus: 60 g
Kanarienvogel: 40 g
Igel: 400 g
Meerschwein: 900 g
Frosch: 25 g
Hund: 5,200 kg

2 Er wirft das 55-fache seines Körpergewichts an Erde auf.

3 3,140 t + 2,065 t = 5,205 t
5,205 t < 5,3 t
Ja, der LKW kann die Brücke befahren.

Seite 29

4 a) Insgesamt wurden 63 000 l Milch geliefert.
b) In 135 Tagen wird das Schwein verkauft.

5 Es dauert 71 min = 1 h 11 min, bis der Teich gefüllt ist.

Die Zeit vergeht — Seite 30

1

Tag	Abfahrt	Ankunft	Fahrzeit
14.6.	7.05 Uhr	9.47 Uhr	2 h 42 min
	16.53 Uhr	18.20 Uhr	1 h 27 min
15.6.	7.10 Uhr	7.55 Uhr	$\frac{3}{4}$ h
	15.45 Uhr	17.10 Uhr	85 min
16.6.	9.41 Uhr	11.38 Uhr	1 h 57 min
	17.33 Uhr	19.04 Uhr	91 min

2 D 1713
Abfahrt: 7.06 Uhr (oder 19.06 Uhr)
Ankunft: 10.21 Uhr (oder 22.21 Uhr)

D 1673
Abfahrt: 10.32 Uhr (oder 22.32 Uhr)
Ankunft: 13.56 Uhr (oder 1.56 Uhr)

Der D 1713 hat die kürzere Fahrzeit.

3 Laubfrosch: 264 Monate
Schwan: 5 Wochen
Biene: 42 Tage

Seite 31

4 Falke: in 20 min ≈ 23 km, in 1 min ≈ 1,2 km
Rabe: in 20 min ≈ 20 km, in 1 min ≈ 1 km
Gepard: in 20 min ≈ 30 km, in 1 min ≈ 1,5 km
Wal: in 20 min ≈ 10 km, in 1 min ≈ 0,5 km = 1/2 km

5 Zweiter Läufer: 1 h 38 min 34 s
Letzter Läufer: 2 h 14 min 4 s

6 a) Julia: 23. Mai Schwester: 21. April
b) Vater: noch 68 Tage

3 Nur die Ufos können wieder auf ihrem Planeten landen, deren Zahlen sich durch 10 oder 100 teilen lassen. Welche sind das? Kreise die Zahlen ein.

4 Du findest das Lösungswort, wenn du die Lösungszahlen nach ihrer Größe ordnest. Beginne mit der größten Zahl.

26 700 : 100 =	______	Z	3 000 : 1 000 =	______	A
123 · 10 =	______	E	1 000 · 713 =	______	S
100 · 100 =	______	P	6 270 : 10 =	______	R
100 : 100 =	______	H	100 · 111 =	______	U
0 : 100 =	______	L			

Zahl:

Buchstabe:

Mit Schlaufuchs rechnen

1 Löse die Aufgaben. So könntest du mit dem Zerlegen beginnen:

c) 436 · 6 d) 726 : 6 = e) 7 · 2 341

2 Zwei Aufgaben für Rechenasse: Löse sie im Kopf und trage die Ergebnisse ein.

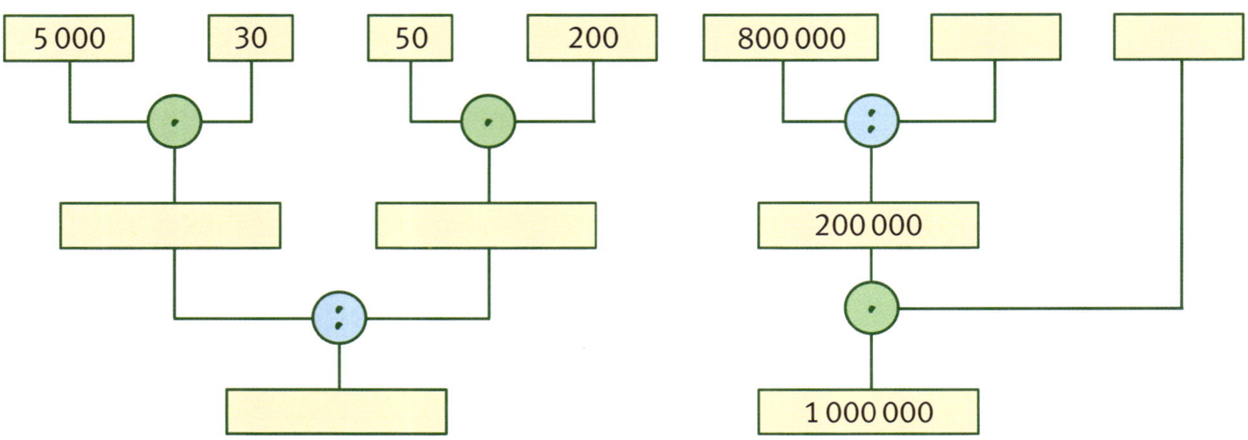

3 Trage die Lösungen auf den Tafeln ein.

·	3	7	20
251			
410			
2300			

:	50	8	100
800			
2000			
40 000			

4 Will der Fuchs ein Ei oder ein Huhn? Nein, er will rechnen!
Die Zahl im Dach soll immer das Ergebnis sein.

5 Auf dem roten Eimer stehen die Lösungszahlen.
Welche gehören nicht zu den Aufgaben auf dem grünen und auf dem gelben Eimer? Streiche sie durch.

Im Zirkus Rechnelli

1 Herrrreinspaziert!! Im Zirkus Rechnelli dreht sich heute alles um Zahlen. Atemberaubend schnell werden sie geteilt und malgenommen. Sieh selbst!

Sogar die Tiere treten mit Zahlen auf.
Löse die Aufgabe zu Ende.

4 1 8 2 : 3 = 1
3
1 1

2 Blitzschnell fliegen die Bälle hin und her.
Bilde aus den Zahlen gleichfarbiger Bälle Malaufgaben und löse sie.

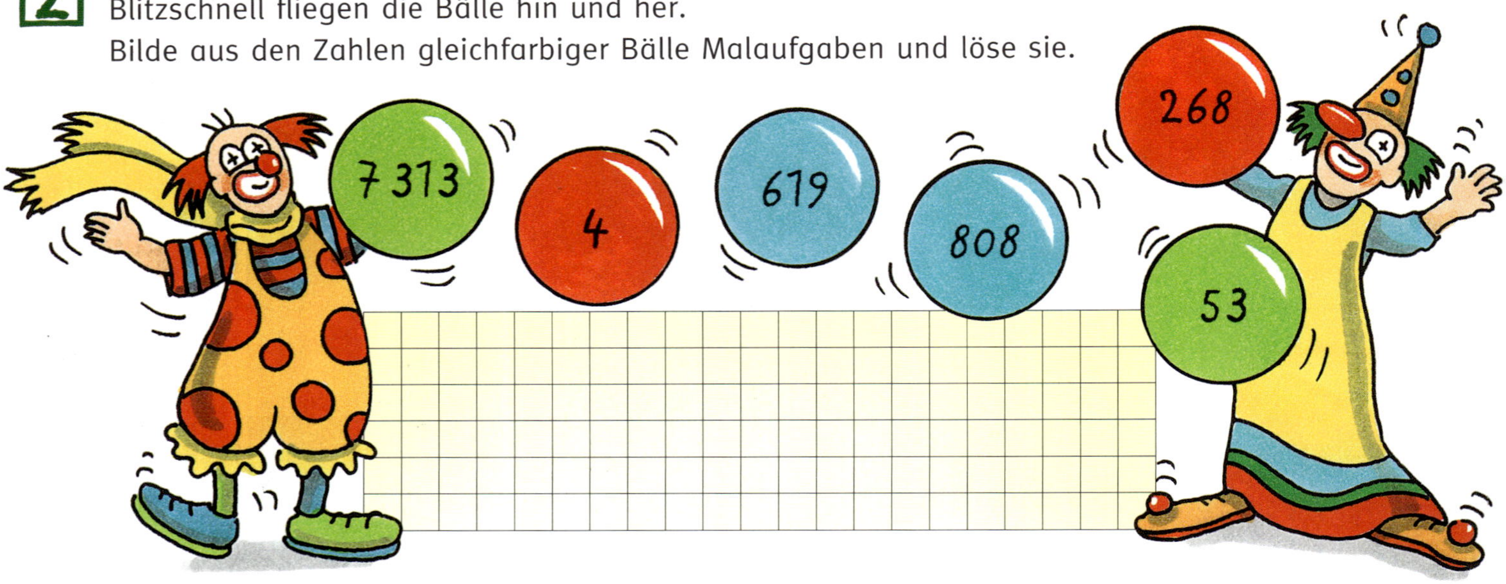

3 Welche Ergebnisse gehören zu den Elefantenaufgaben? Rechne schriftlich in deinem Heft.

PAULS ECKE

4 Die Trapezkünstler haben die Multiplikations- und Divisionsaufgaben unter Lebensgefahr aufgehängt. Kannst du die Aufgaben lösen? Zum Glück musst du dazu nicht auf das Trapez!

a) 725 · 439

b) 10101 · 12

c) 574328 : 4 =

Geometrie – Körper

1 Erkennst du die geometrischen Grundformen dieser Gegenstände? Trage ein.

Zylinder	Würfel	Quader	Pyramide	Kugel	Kegel

2 Wie viele Stäbchen und Kügelchen fehlen noch? Trage es unter den Körpern ein und zeichne die Quader fertig.

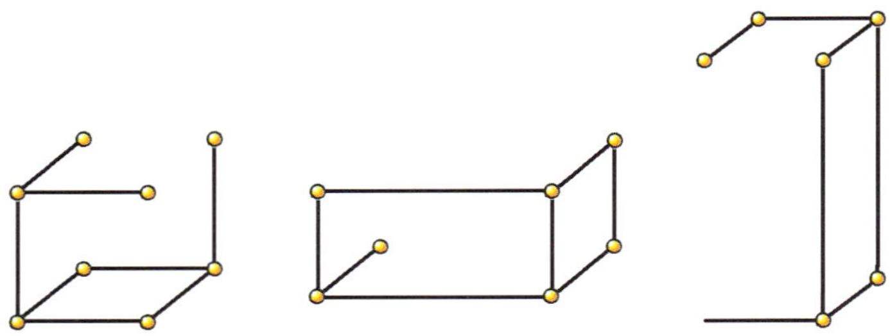

Stäbchen			
Kügelchen			

3 Weißt du, wie viele Flächen, Ecken und Kanten diese Körper haben? Trage die richtige Anzahl ein.

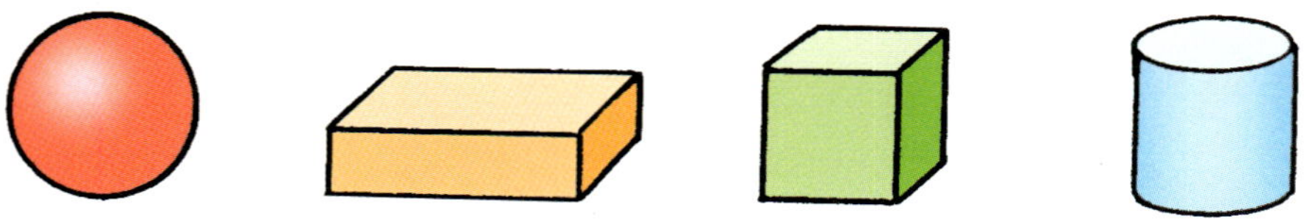

	Kugel	Quader	Würfel	Zylinder
Ecken				
Flächen				
Kanten				

4 Welche zwei Flächen liegen bei diesen Würfeln einander gegenüber?
Färbe sie jeweils mit derselben Farbe ein.

5 Ergänze die Figuren zu Quadernetzen. Male gegenüberliegende Flächen gleichfarbig aus.

6 Welches Modell gehört zu einem Zylinder (Walze)? Kreuze an.

ja / nein ja / nein ja / nein

So viel Taschengeld

Wie viel Taschengeld bekommst du? Auf jeden Fall musst du beim Einkaufen immer aufpassen und gut mit den Münzen und Geldscheinen rechnen können.

1 So viel haben die Kinder von ihrem Taschengeld gespart. Wie können sie ihre Geldbeträge noch angeben? Vervollständige die Tafeln.

12,04 €
= ____ € ____ Cent
= _______ Cent

209 € 5 Cent
= ____,____ €
= _______ Cent

7060 Cent
= ____ € ____ Cent
= ____,____ €

2 Lisa führt über ihr Taschengeld Buch. Wie viel Geld hat sie am Ende dieses Monats noch? Gib den Betrag als Kommazahl an.

Mein Taschengeld im November

Datum	Einnahmen	Ausgaben	Stand
1.11.			7 € 84 Cent
3.11	Taschengeld: 10 €		
9.11		Blumen für Muttis Geburtstag 3 € 75 Cent	
12.11.	von Onkel Franz: 375 Cent	Vogelfutter: 98 Cent	
19.11.	Gelungene Mathearbeit: 1,50 €	Hefte, Stifte: 2,25 € CD: 5 € 50 Cent	
27.11	Einkaufen für Frau Meier: 95 Cent		

Am Monatsende hat Lisa noch ____ € und ____ Cent = ____,____ €.

PAULS ECKE

3 Tom wünscht sich von seinen Eltern einen Computer. Zum Kauf will er sein gespartes Geld dazugeben. Tom hat die Geldscheine und Münzen aus seinem Sparschwein gezählt:

7  = _______ €

11  = _______ €

3  = _______ €

13  = _______ €

23  = _______ €

17  = _______ €

19  = _______ €

a) Wie viel Geld kostet die Anlage? _______ €

b) Wie viel Geld hat Tom gespart? _______ €

c) Wie viel Geld müssen die Eltern dazugeben? _______ €

Rasante Fahrradflitzer

1 Sara und Nico sind mit dem Fahrrad unterwegs. Sara fährt von Berg nach Bollersen. Nico fährt zur gleichen Zeit im selben Tempo von Bollersen nach Berg. Unterwegs treffen sie sich. Wer von beiden ist am Treffpunkt weiter von Bollersen entfernt?

Antwort:

2 Dirk, Anne und Axel fahren jeden Tag mit dem Fahrrad zur Schule.
Heute haben sie die Anzeigen ihrer Kilometerzähler notiert.

	Kilometerstand bei Abfahrt Wohnung	Kilometerstand bei Ankunft Schule	Entfernung Wohnung – Schule		gefahrene Kilometer pro Woche	gefahrene Kilometer pro Monat
Dirk	273,8 km	284,0 km	m =	km	km	km
Anne	97,2 km	105,0 km	m =	km	km	km
Axel	199,5 km	208,1 km	m =	km	km	km

Berechne die Entfernung der Schule von der Wohnung der Kinder. Wie viele Kilometer fährt jedes Kind in einer Woche (5 Schultage) und in einem Monat (20 Schultage)? Trage alle Berechnungen in die Tabelle ein.

3 Der Radclub „Sprinter“ bereitet ein Radrennen vor. Es werden zwei Rennen gefahren. Wie lang ist die jeweilige Rennstrecke?

Rennen	Rundenzahl	Streckenlänge	
1.	1	m =	km
2.	3	m =	km

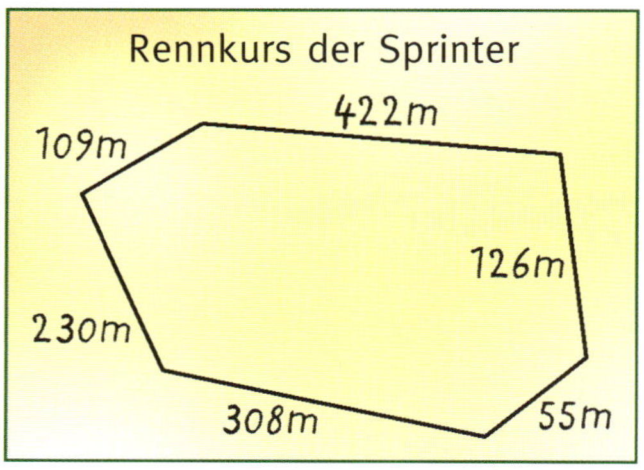

Schätze. Wie viele Kilometer werden ungefähr bei 7 Runden gefahren? ≈ _____ km

4 Max und seine Freunde entdecken bei einer Radtour Verkehrszeichen mit Längenangaben.
Weißt du, was diese Verkehrszeichen bedeuten? Frage deine Eltern.
Schreibe die Längenangaben der Verkehrszeichen ohne Komma.

2,4 km = ______ km ______ m = ______ m

3,9 m = ______ m ______ cm = ______ cm

2,5 m = ________ ________ = ________

1,2 km = ________ ________ = ________

5 Welche dieser Verkehrszeichen müssen an der Tunneleinfahrt stehen, damit das Möbelauto von 362 cm Höhe und 270 cm Breite durchfahren kann?

a)

b)

c)

d)

6 a) Was ist richtig? Setze ein. ⊘ ⊘ ⊜

7,500 km ◯ 750 m
0,862 km ◯ 8600 m
1,070 km ◯ 1070 m

b) Runde auf volle Kilometer.

4750 m ≈ _____ km
907 m ≈ _____ km
4,216 km ≈ _____ km

c) Wie viele Meter fehlen bis zum vollen Kilometer?

645 m + _____ m = 1 km
3 900 m + _____ m = 4 km
7 555 m + _____ m = 8 km
6 020 m + _____ m = 7 km

Große und kleine Tiere

1 Weißt du, wie schwer diese Tiere sein könnten?
Überlege und ordne ihnen ein Gewicht von dem Zettel zu.

2 Im Garten wirft ein Maulwurf in einer Stunde mehrere Erdhügel mit einem Gesamtgewicht von 4 950 g auf. Der Maulwurf wiegt 90 g.
Das Wievielfache seines Körpergewichts hat der Maulwurf in dieser Zeit an Erde aufgeworfen?

Gewicht des Maulwurfs: ____________ g

Gewicht der aufgeworfenen Erde: __________ g

Antwort: ______________________________

3 Ein LKW liefert Futter für den Zoo.
Das Leergewicht des LKW beträgt 3,140 t.
Er hat 2065 kg Futter geladen.
Darf der LKW über diese Brücke fahren?

Rechne hier:

Antwort: ______________________________

4 Greta besucht ihren Onkel auf dem Bauernhof.

a) Er erzählt ihr, dass jede seiner 14 Kühe im vergangenen Jahr durchschnittlich 4 500 l Milch gegeben hat. Berechne, wie viele Liter Milch Gretas Onkel insgesamt an den Milchhof liefern konnte.

Rechne hier:

Antwort: ____

b) Im Schweinestall berichtet er, dass ein Schwein etwa 400 g am Tag zunimmt. Sein kleinstes Schwein wiegt bereits 56 kg. Sobald es 110 kg wiegt, will er es verkaufen. In wie vielen Tagen wird er vermutlich das Schwein verkaufen?

Rechne hier:

Antwort: ____

5 Gretas Mutter legt einen kleinen Goldfischteich im Garten mit einem Fassungsvermögen von 3 550 l Wasser an. Der Teich soll mit einem Wasserschlauch gefüllt werden, aus dem in einer Minute 50 l Wasser fließen. Wie lange dauert es, bis der Teich gefüllt ist?
Gib die Zeit in Stunden und Minuten an.

Rechne hier:

Antwort: ____

Die Zeit vergeht

1 Pias Sportgruppe war zu Wettkämpfen mit dem Bus unterwegs. Pia führte das Fahrtenbuch. Einige Eintragungen fehlen noch. Ergänze sie in der Tabelle.

Fahrtenbuch

Tag	Abfahrt	Ankunft	Fahrzeit
14.6.	7.05 Uhr	9.47 Uhr	h min
	16.53 Uhr	18.20 Uhr	h min
15.6.	7.10 Uhr		$\frac{3}{4}$ h
	15.45 Uhr		85 min
16.6.		11.38 Uhr	1 h 57 min
		19.04 Uhr	91 min

2 Bert hat zwei Möglichkeiten, um mit dem Zug zu seiner Oma nach Warnemünde zu fahren. Berechne für beide Möglichkeiten die Ankunftszeit und trage die Zeiger ein. Die Abfahrtszeiten zeigen die Uhren an.

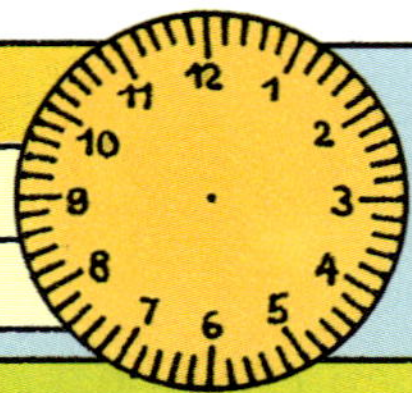

Zug: D 1713		Zug: D 1673	
Fahrzeit: 195 min		Fahrzeit: 3 h 24 min	
Abfahrt	Ankunft	Abfahrt	Ankunft

Welcher Zug hat die kürzere Fahrzeit?

Antwort: ______________________________

3 Ein Laubfrosch kann 22 Jahre alt werden. Wie viele Monate sind das?

______ Monate

Ein Schwan brütet 35 Tage. Wie viele Wochen sind das?

______ Wochen

Eine Arbeitsbiene lebt 6 Wochen. Wie viele Tage sind das?

______ Tage

4 Die Entfernungen, die diese Tiere in einer Stunde zurücklegen können, betragen:

Welche Strecken können die Tiere in diesen Zeiten ungefähr zurücklegen?

20 min:	≈ ______ km	≈ ______ km	≈ ______ km	≈ ______ km
1 min:	≈ ______ km	≈ ______ km	≈ ______ km	≈ ______ km

5 Beim Leipziger Neujahrslauf erreichte der erste Läufer das Ziel nach 1 h 37 min 46 s. Der zweite Läufer traf 48 s später am Ziel ein. Der letzte Läufer kam 36 min 18 s nach dem ersten Läufer am Ziel an. Berechne die Laufzeit für den zweiten und letzten Läufer.

Zweiter Läufer: ___ h ___ min ___ s

Letzter Läufer: ____ h ____ min ____ s

6 Julia hat in 18 Tagen Geburtstag.
Ihre Schwester hatte vor 14 Tagen ihren Geburtstag.

a) Gib für beide Geburtstage das Datum an.

Julia: ________________ Schwester: ________________

b) Ihr Vater feiert am 12. Juli seinen Geburtstag.
Wie viele Tage sind es noch?

Vater: noch ____________ Tage

WUPPS UND WANDA

Ein Bild-Wort-Rätsel